Claude Riche

Asymétrie et courbures de la clavicule

Claude Richer

Asymétrie et courbures de la clavicule

Chez l'humain et les grands singes

Presses Académiques Francophones

Impressum / Mentions légales

Bibliografische Information der Deutschen Nationalbibliothek: Die Deutsche Nationalbibliothek verzeichnet diese Publikation in der Deutschen Nationalbibliografie; detaillierte bibliografische Daten sind im Internet über http://dnb.d-nb.de abrufbar.

Alle in diesem Buch genannten Marken und Produktnamen unterliegen warenzeichen-, marken- oder patentrechtlichem Schutz bzw. sind Warenzeichen oder eingetragene Warenzeichen der jeweiligen Inhaber. Die Wiedergabe von Marken, Produktnamen, Gebrauchsnamen, Handelsnamen, Warenbezeichnungen u.s.w. in diesem Werk berechtigt auch ohne besondere Kennzeichnung nicht zu der Annahme, dass solche Namen im Sinne der Warenzeichen- und Markenschutzgesetzgebung als frei zu betrachten wären und daher von jedermann benutzt werden dürften.

Information bibliographique publiée par la Deutsche Nationalbibliothek: La Deutsche Nationalbibliothek inscrit cette publication à la Deutsche Nationalbibliografie; des données bibliographiques détaillées sont disponibles sur internet à l'adresse http://dnb.d-nb.de.

Toutes marques et noms de produits mentionnés dans ce livre demeurent sous la protection des marques, des marques déposées et des brevets, et sont des marques ou des marques déposées de leurs détenteurs respectifs. L'utilisation des marques, noms de produits, noms communs, noms commerciaux, descriptions de produits, etc, même sans qu'ils soient mentionnés de façon particulière dans ce livre ne signifie en aucune façon que ces noms peuvent être utilisés sans restriction à l'égard de la législation pour la protection des marques et des marques déposées et pourraient donc être utilisés par quiconque.

Coverbild / Photo de couverture: www.ingimage.com

Verlag / Editeur:
Presses Académiques Francophones
ist ein Imprint der / est une marque déposée de
AV Akademikerverlag GmbH & Co. KG
Heinrich-Böcking-Str. 6-8, 66121 Saarbrücken, Deutschland / Allemagne
Email: info@presses-academiques.com

Herstellung: siehe letzte Seite /
Impression: voir la dernière page
ISBN: 978-3-8416-2184-9

Université de Montréal

Asymétrie et courbures de la clavicule chez l'humain et les grands singes

par
Claude Richer

Département d'Anthropologie
Faculté des Arts et des Sciences

Mémoire présenté à la Faculté des études supérieures
en vue de l'obtention du grade de M.Sc. en Anthropologie

Septembre 2008

i

Université de Montréal
Faculté des études supérieures

Ce mémoire intitulé :

Asymétrie et courbures de la clavicule chez l'humain et les grands singes

Présenté par :

Claude Richer

a été évalué par un jury composé des personnes suivantes :

Isabelle Ribot
présidente-rapporteuse

Michelle Drapeau
directrice de recherche

Bernard Chapais
membre du jury

RÉSUMÉ

Plusieurs hypothèses ont été émises pour expliquer chez l'humain la symétrie croisée, celle-ci étant que les os du bras du côté dominant sont plus longs que ceux de l'autre côté, mais que c'est la clavicule du côté non dominant qui est la plus longue. Cette étude tente de déterminer s'il y a présence de symétrie croisée entre la clavicule et le membre supérieur dominant chez les grands singes africains, comme c'est le cas chez l'humain. L'étude tente aussi de déterminer si les courbures de la clavicule influencent la longueur maximale de celle-ci chez l'humain, le chimpanzé et le gorille. Les mesures et tests statistiques ont été effectués sur les adultes d'un échantillon humain, d'un échantillon de chimpanzés et d'un de gorilles. Les courbures des clavicules ont été mesurées selon la méthode d'Olivier (1951). Les résultats révèlent que chez l'humain, plus la courbure latérale de la clavicule est arquée relativement au côté opposé, plus la longueur maximale de cette même clavicule est réduite par rapport à la clavicule du côté opposé. La clavicule la plus courbée est habituellement à droite et c'est probablement ce qui explique la symétrie croisée entre la clavicule gauche et le membre supérieur droit chez l'humain. Les résultats révèlent aussi que l'insertion du deltoïde a tendance à influencer la différence droite-gauche dans la courbure latérale de la clavicule chez l'humain puisque sa variabilité de forme et de grosseur altérerait la courbure latérale réelle. Les grands singes, quant à eux, ne présentent pas de symétrie croisée et les courbures de leur clavicule n'ont pas d'effet sur sa longueur.

Mots-clé: symétrie croisée, clavicule, membre supérieur, courbure, latéralité, asymétrie

ABSTRACT

Several hypotheses have been proposed to explain the occurrence of human crossed symmetry, that is to say that the dominant upper limb bones are longer than the same bones of the opposite side but that it is the clavicle of the non dominant side that is longer than the other one. This study tests whether African great apes are similar to humans in crossed symmetry of clavicular and upper limb lengths. This study is also trying to determine if curvatures of the clavicle affect its maximal length in humans, chimpanzees and gorillas. The measurements and statistical tests have been done on adults of a sample of humans, one of chimpanzees and one of gorillas. The clavicle curvatures have been measured according to Olivier's method (1951). The results demonstrate that in humans, greater lateral curvature of the clavicle on one side corresponds to a relatively shorter length of that same clavicle. In humans, the right clavicle is the one usually more curved and shorter. This fact could explain the length crossed symmetry between the left clavicle and the right dominant upper limb in humans. The results also revealed that the deltoid insertion has a tendency to influence the right-left differences of lateral curvature of the clavicle in humans because its shape and size variability could hide the real lateral curvature. This analysis did not show any crossed symmetry or any influence of the curvatures on the maximal length of the clavicle in great apes.

Keywords: crossed symmetry, clavicle, upper limb, curvature, laterality, asymmetry

TABLE DES MATIÈRES

LISTE DES TABLEAUX

LISTE DES FIGURES

REMERCIEMENTS

J'aimerais remercier ma directrice de recherche, Dr. Michelle Drapeau, pour son soutien et sa disponibilité. Je remercie aussi Dr. Jerome Cybulski, le Musée Canadien des Civilisations, le Inuit Heritage Trust et le Museum of Natural History de Cleveland de m'avoir permis d'utiliser leurs collections pour ma collecte de données. Je veux aussi remercier ma collègue, Marie-Christine Berthiaume, pour son aide tout au long de la réalisation de ce projet, mon conjoint François et mes parents Andrée et Gilles pour leur soutien, leur patience et leur compréhension.

I. INTRODUCTION

La clavicule a été peu étudiée contrairement aux autres os longs du membre supérieur. Pourtant, elle fait partie d'une articulation importante, l'épaule, qui permet au bras de faire des mouvements de grande amplitude. Chez l'humain (*Homo sapiens sapiens*), la clavicule est d'une grande importance pour la manipulation et, chez les primates, elle joue un rôle primordial dans les divers modes de locomotion, soient la brachiation, la quadrupédie terrestre ou arboricole.

Les premières études portant sur la clavicule visaient surtout à trouver des différences entre les groupes humains (Parsons, 1917; Terry, 1932; Schultz, 1937; Olivier, 1951-1957). Plus exactement, il s'agissait surtout d'études sur le membre supérieur où l'on exposait tous les ratios et index possibles entre les différents os. Ce genre d'étude a tiré plusieurs conclusions qui sont maintenant bien connues. Notamment, il a été établi que pour plus de la majorité des individus, soit environ 90%, les os longs du côté droit sont plus longs et plus robustes que ceux du côté gauche. Cette asymétrie a été expliquée par la latéralité du côté droit chez le même pourcentage d'individus. En effet, environ neuf humains sur dix se servent plus de leur côté droit que de leur côté gauche et il a été démontré que plus il y a de charges appliquées sur un os, plus celui-ci a tendance à être long et robuste pour supporter ces charges (Collins, 1961; Jones, 1977). Le contraire est aussi vrai : lorsque la latéralité est du côté gauche, les os longs de ce côté sont plus longs et plus robustes. Ce principe s'applique à la majorité des os longs dont les trois os du bras et de l'avant-bras, c'est-à-dire l'humérus, le radius et l'ulna.

1

Cependant, la clavicule ne suit pas ces règles. C'est la clavicule gauche qui est plus longue que la droite dans la majorité des cas (Parsons, 1916; Schultz, 1937; Olivier 1951; Ray, 1959; Mays *et al.*, 1999; Auerbach & Raxter, 2008). Lorsque les os du bras droit sont plus longs, c'est la clavicule gauche qui est la plus longue et vice versa. C'est ce qu'on appellera dans ce texte, conformément à la littérature actuelle, de la symétrie croisée. Cependant, il faut préciser que la clavicule droite reste la plus robuste même si elle est plus courte.

Plusieurs hypothèses ont été suggérées pour expliquer cette symétrie croisée. Elles seront survolées dans le cadre conceptuel de ce mémoire.

Aussi, les courbures de la clavicule chez les primates ont été bien étudiées par Voisin (2006). Celui-ci a démontré que le mode de locomotion utilisé contribuait à des types de courbure différents, notamment entre le chimpanzé (*Pan troglodytes*), le gorille (*Gorilla gorilla*).

Il avait déjà été établi que, tout comme chez l'humain, le membre supérieur chez les grands singes présente un côté dominant (Schultz, 1937). Cependant, au niveau populationnel, cette asymétrie ne serait pas distribuée majoritairement d'un côté comme chez l'humain, mais plus ou moins également entre les côtés droit et gauche. Aussi, aucun patron d'asymétrie par rapport à la clavicule n'a été étudié.

2

Ce mémoire a pour but de déterminer s'il existe une asymétrie de la clavicule associée à l'asymétrie du membre supérieur chez les grands singes. Ce mémoire a aussi pour but de déterminer si les courbures de la clavicule influencent le patron d'asymétrie de longueur de celle-ci et ce, peu importe l'espèce étudiée. Pour ce faire, la longueur de la clavicule ainsi que les courbures médiale et latérale de la clavicule seront mesurées. Deux méthodes différentes seront utilisées pour mesurer les courbures. La première méthode mesurera les courbures telles quelles, sans modification. La deuxième écartera l'insertion du deltoïde de la mesure de la courbure latérale. Ceci permettra de mesurer la véritable courbure latérale de la clavicule, sans que l'insertion du deltoïde, variable en forme et en grosseur, vienne influencer cette mesure. Cette étape aidera peut-être à éclaircir le phénomène de la symétrie croisée entre la clavicule et le membre supérieur dominant.

Les mêmes analyses que pour les humains seront effectuées sur les échantillons de chimpanzé et de gorille. Les patrons d'asymétrie de longueur et de symétrie croisée ainsi que les résultats de l'influence des courbures de la clavicule sur sa longueur maximale chez les grands singes pourront servir de points de comparaison pour les résultats obtenus chez les humains.

II. CADRE CONCEPTUEL DE RECHERCHE

2.1 L'asymétrie des os du membre supérieur

Dès 1937, Schultz a publié une étude sur l'asymétrie des os longs chez les humains et chez les primates. Depuis, plusieurs études sont venues confirmer la présence d'une asymétrie, notamment des os longs du membre supérieur (Collin, 1969; Jones, 1977; Schulter-Ellis, 1980; Stirland, 1993; Trinkaus et al., 1994, Huggare & Houghton, 1995; Steele & Mays, 1995; Auerbach & Ruff, 2006; Auerbach & Raxter, 2008). Cette asymétrie se manifeste par des os plus longs et plus robustes, majoritairement du côté droit chez l'humain. En étant plus robustes, les os longs peuvent mieux résister aux charges mécaniques qui leur sont imposées, comme la tension, la torsion, la compression, le cisaillement (« shear »), le ploiement (« bending ») et toutes ces forces combinées (Frankel & Nordin, 2001). Comme ces forces sont présentes à tout moment, elles ont une influence sur la biologie de l'os et notamment sur l'os endochondral pendant le développement (Arkin & Katz, 1956) et aussi après puisque l'os est en constant remodelage. Donc, les activités que nous, les humains, effectuons chaque jour agissent sur notre squelette. Si les activités quotidiennes sont exécutées plus souvent d'un côté du corps que de l'autre, les forces sont réparties inégalement de ce côté. Les os réagissent alors à de telles forces et se remodèlent pour leur résister. Il est donc généralement possible de déterminer la latéralité d'un individu (s'il est droitier ou gaucher) en analysant ses os (Schulter-Ellis, 1980). La plupart des humains présentent une asymétrie favorisant le côté droit. Aussi, la plupart des humains sont droitiers et effectuent donc la majorité de leurs activités en utilisant leur côté droit. Ce phénomène pourrait être

4

expliqué par le fait que l'hémisphère gauche du cerveau est plus gros chez la majorité de la population humaine. Comme les mouvements d'un côté du corps sont contrôlés par l'hémisphère du cerveau du côté opposé, les droitiers auraient un hémisphère gauche plus développé et vice versa (White *et al.*, 1994). Une hypothèse proposée par Von Bonin (1962) suggère que la vascularisation du côté gauche soit favorisée pour les structures paires du corps humain pendant le développement fœtal. Les hémisphères du cerveau étant des structures paires seraient donc eux aussi touchés par ce phénomène, d'où l'hémisphère gauche plus gros que le droit et toutes les conséquences qui s'en suivent.

La latéralité est aussi présente chez les primates, notamment chez les grands singes. Hopkins et Morris (1993) ont fait une revue de littérature sur le sujet et ils ont conclu qu'il y avait présence de latéralité chez chimpanzé et le gorille. Cependant, celle-ci n'est pas systématiquement d'un côté comme c'est le cas chez l'humain. Les grands singes auraient plutôt une préférence pour un côté selon le type d'activité effectuée. Par exemple, une préférence pour le côté gauche serait présente au niveau de la population pour les activités de transport, alors que le côté droit serait favorisé pour la manipulation des objets et pour le membre meneur (« leading limb ») dans la locomotion.

Comme Schultz (1937) l'avait constaté, une asymétrie de longueur est aussi présente chez les grands singes. Cependant, cette asymétrie n'est pas concentrée d'un côté au niveau de la population comme c'est le cas chez l'humain. Elle est plutôt répartie individuellement, parfois à droite, parfois à gauche. Aucune étude n'a démontré qu'il y avait un côté dominant chez les grands singes, c'est-à-dire que tous les os longs d'un même côté étaient plus longs que ceux du côté opposé. Les côtés droit et gauche ont toujours été comparés pour un os à la fois et non pour tous les os composant un membre. Des index entre deux os, par exemple humérus/ulna, ont déjà été comparés pour les côtés droit et gauche, mais aucune analyse pouvant déterminer un côté dominant n'a été faite.

2.2 La morphologie fonctionnelle de la clavicule

La clavicule commence à s'ossifier tôt dans le développement humain, soit vers la 5e-6e semaine du développement fœtal. Cependant, l'épiphyse latérale ne se fusionne que vers 19-20 ans. La fusion de l'épiphyse médiale commence entre 16 et 21 ans pour se terminer vers 29 ans et plus (Scheuer & Black, 2000).

La clavicule est le seul lien osseux entre le thorax et le membre supérieur et c'est ce qui permet la grande mobilité de l'épaule. De ce fait, toutes les charges imposées au bras passent par la clavicule dans le sens de sa longueur. Elle doit donc être conçu pour résister à ces forces qui sont amenées par les muscles et les ligaments. Ceux-ci sont nombreux à avoir une origine ou une insertion sur la clavicule. Parmi les ligaments, deux sont très importants. Premièrement, le ligament costo-claviculaire vient s'attacher sur la partie antérieure de la courbure médiale de la clavicule. Il la relie à la première côte du thorax (Ljunggren, 1979). Son rôle est de stabiliser l'articulation sternoclaviculaire et de limiter l'élévation de la ceinture scapulaire en résistant aux mouvements exagérés vers le haut du bout médial de la clavicule (Mays *et al.*, 1999). Deuxièmement, le ligament coraco-claviculaire relie le processus coracoïde de la scapula à la partie postérieure de la courbure latérale de la clavicule. Ces deux ligaments exercent des forces opposées l'un

6

par rapport à l'autre perpendiculairement à l'axe long de la clavicule qui est dans un plan transversal. Ces forces opposées viennent donc créer un équilibre dans le plan sagittal. (Ljunggren, 1979). Le rôle du ligament coraco-claviculaire est de stabiliser la partie latérale de la clavicule. Il limite les mouvements antéropostérieurs exagérés de celle-ci, notamment ceux provenant du muscle trapèze (Sellards, 2004). Comme la partie descendante du muscle *trapezius*, qui naît de la ligne nucale supérieure, de la protubérance occipitale externe et du ligament nucal et qui s'insère sur le tiers latéral de la clavicule, intervient dans la plupart des mouvements de la scapula (Platzer, 2001), les charges transmises par ce muscle sont d'autant plus importantes.

Les courbures de la clavicule ont leurs avantages fonctionnels. La courbure médiale permet une élévation rapide et puissante du membre supérieur. Elle sert de levier au muscle *pectoralis major*, très important dans la flexion du bras. Plus la courbure médiale est arquée, plus le levier est efficace (Voisin, 2006). Tout comme la courbure médiale, la courbure latérale sert de levier, mais au muscle *deltoideus* (Voisin, 2006). La partie claviculaire de celui-ci a son origine sur la face supéro-antérieure de la courbure latérale de la clavicule et s'insèrent avec les deux autres parties du muscle (la partie acromiale et la partie spinale) sur le tubercule deltoïdien de l'humérus. Le muscle deltoïde est le principal abducteur du bras, la partie claviculaire étant sollicitée après que le premier tiers du mouvement ait été exécuté. La partie claviculaire entre aussi en action dans une partie de l'adduction du bras, dans l'antéversion ainsi que dans la rotation interne du bras (Platzer, 2001). Donc, des charges très importantes passent par la partie claviculaire du muscle deltoïde et ainsi produisent des charges de tension sur la clavicule même.

La courbure latérale est assez bien marquée chez l'humain, chez le chimpanzé et chez le gorille, bien qu'elle le soit à des degrés différents selon l'espèce. Par contre, une courbure médiale prononcée n'est pas présente chez toutes les espèces de primates. Parmi celles qui la possèdent se trouvent l'humain et le chimpanzé. Le gorille, quant à lui, n'a qu'une faible prononciation de la courbure médiale quand il en a une. Cette différence entre le chimpanzé et le gorille pourrait être expliquée par le mode de locomotion. Le gorille étant beaucoup moins arboricole, il a moins besoin d'une élévation rapide et puissant du membre supérieur. Aussi, une courbure médiale peu prononcée serait plus résistante pour les espèces terrestres et ce serait particulièrement important pour les individus de grande taille.

2.3 L'asymétrie de la clavicule

Comme il a été mentionné plus haut, les os sont plastiques et réagissent aux charges mécaniques qui leur sont imposées. Ces charges mécaniques sont majoritairement imposées du côté droit chez l'humain. Les os longs de ce côté sont donc plus longs et plus robustes. Considérant le long développement de la clavicule en plus du remodelage constant de l'os, celle-ci devrait montrer des signes de charges mécaniques asymétriques. On s'attendrait donc à ce que la clavicule droite soit plus longue que la gauche comme c'est le cas des autres os longs du membre supérieur au niveau de la population. Cependant, c'est habituellement la clavicule gauche qui est plus longue que la droite (Parsons, 1916; Schultz, 1937; Olivier, 1951-1957; Ray, 1959; Mays *et al.*, 1999; Auerbach & Raxter, 2008). Cela crée donc une symétrie croisée.

La plupart des auteurs s'entendent pour dire que ce sont les charges mécaniques subies par les clavicules qui permettent d'expliquer ce phénomène. La théorie de Von Bonin (1962) décrite précédemment est l'une des hypothèses qui pourraient expliquer cette asymétrie. Comme la vascularisation du côté gauche serait favorisée pour les structures paires pendant le développement fœtal, la dominance de l'hémisphère gauche du cerveau entraînerait la latéralité majoritairement à droite. Au cours de l'enfance, celle-ci amènerait une utilisation plus fréquente du côté droit du corps. Cela provoquerait un développement supérieur des os droits qui viendrait compenser et même dépasser celui des os gauches, ce qui rejoint un peu la théorie de White (1994) concernant la latéralité. Selon Von Bonin (1962), c'est à cause de cette vascularisation au cours du développement fœtal que la clavicule gauche serait plus longue. La droite deviendrait par la suite plus robuste à cause de la latéralité au cours de l'enfance. La critique principale de cette hypothèse est que les autres os longs gauches devraient eux aussi être plus longs que les droits. Les os longs droits ne devraient être que plus robustes et non pas plus longs comme c'est le cas.

Ljunggren (1979) propose que le membre supérieur gauche reçoive plus de charges que le côté opposé dans certains aspects d'activités exercés par le membre supérieur droit. Par exemple, lorsqu'une charge est soulevée à l'aide du bras droit, ce serait le bras gauche ainsi que la ceinture scapulaire gauche qui forcent le plus pour fournir un contre poids.

9

Cette répartition des charges amènerait la clavicule gauche à être plus longue, toujours selon les lois de la biomécanique de l'os. Par contre, si on se réfère aux lois de la biomécanique de l'os, dans un tel cas décrit par Ljunggren, la clavicule gauche devrait non seulement être plus longue, mais aussi plus robuste ce qui n'est pas le cas habituellement (Mays *et al.*,1999)

Parsons (1916) croit que la concentration des charges du côté dominant, habituellement à droite, amènerait une fusion épiphysaire précoce, arrêtant ainsi la croissance osseuse. Malheureusement, aucune étude n'a été tentée concernant cette hypothèse. De plus, si cette hypothèse est véridique, elle devrait s'appliquer à tous les os longs du côté dominant. L'humérus, l'ulna et le radius devraient aussi se fusionner plus rapidement du côté dominant, donc être plus courts que ceux du côté opposé, ce qui n'est pas le cas.

Parsons (1916) a aussi suggéré que les muscles du bras, de la cage thoracique et de l'épaule du côté dominant, étant plus puissants que ceux du côté gauche, compresseraient la ceinture scapulaire médio-latéralement. Cette compression provoquerait une redistribution de l'os ayant pour conséquence une diaphyse plus robuste de la clavicule du côté dominant. La compression amènerait aussi un changement de forme ainsi qu'une réduction de la longueur de la clavicule de ce côté. Ce changement de forme pourrait être des courbures plus arquées (Ljunggren, 1979). Cette hypothèse a été rejetée par Mays *et al.* (1999), mais la méthode utilisée par ces derniers pour mesurer les courbures de la clavicule comportait des problèmes d'interprétation fonctionnelle.

Figure 1. Méthode de mesure des courbures de la clavicule de Mays *et al.* **(1999, image modifiée)**

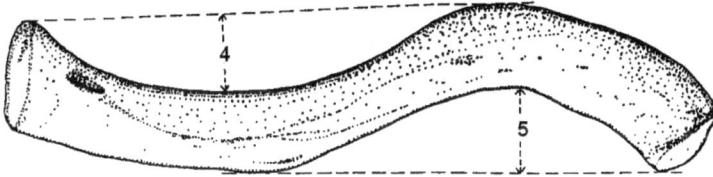

Cette méthode consiste à mesurer la profondeur de la courbure médiale à partir d'une ligne tracée entre l'extrémité postérieure du bout sternal et le bord postérieur de la courbure latérale à son endroit le plus convexe. L'espace entre cette ligne et le bord postérieur de la courbure médiale à son endroit le plus concave est alors mesuré ((Figure 1, #4). La même méthode est utilisée pour mesurer la courbure latérale, avec pour référence l'extrémité antérieure du bout acromial et le bord antérieur de la courbure médiale à son endroit le plus convexe (Figure 1, #5). Cette méthode entraîne une interdépendance des deux courbures, c'est-à-dire que si l'une est change de forme, la mesure de l'autre sera influencée. Aussi, cette technique ne tient aucunement compte de l'insertion du deltoïde sur la face supéro-antérieure de la courbure latérale. Plus cette insertion est prononcée, plus la mesure entre la ligne et le bord antérieur de la clavicule est courte, donc la courbure a l'apparence d'être moins arquée qu'elle ne l'est vraiment.

À part l'hypothèse de Parsons (1916) complétée par Ljunggren (1979) concernant la compression de la ceinture scapulaire entraînant un changement de forme de la clavicule, soit des courbures plus arquées, aucune théorie exposée précédemment ne propose d'explication satisfaisante au phénomène de symétrie croisée. Comme il a été expliqué,

Mays *et al.*(1999) ont réfuté cette hypothèse, mais la méthode utilisée ne convenait pas. La théorie selon laquelle les courbures de la clavicule sont plus arquées du côté dominant sera donc explorée dans cette étude pour tente d'élucider la symétrie croisée entre la clavicule et les os du membre supérieur dominant.

2.4 L'insertion du deltoïde

L'origine du muscle deltoïde sur la face supéro-antérieure de la courbure latérale de la clavicule est visible sur la plupart des individus. Un muscle qui origine ou qui s'insère sur un os, et par lequel passe des charges importantes, va souvent créer une hypertrophie de l'os à l'endroit où les deux éléments sont reliés. La forme, la grandeur de la surface et la proéminence de l'insertion musculaire peuvent être influencées par l'âge, le sexe, les niveaux hormonaux et la génétique (Wilczak, 1998). Les charges mécaniques imposées au muscle seraient aussi déterminantes. Plus les charges mécaniques sont grandes, plus le rythme de remodelage de l'os est accéléré. Ce ne sont pas les propriétés matérielles de l'os qui changent, mais plutôt sa quantité et sa distribution. Donc, plus il y a de charges mécaniques imposées à un muscle, plus son origine et son insertion seront grandes et proéminentes (Wilczak, 1998).

L'insertion du muscle deltoïde sur l'humérus, plus précisément sur la tubérosité deltoïdienne, a été étudiée par Wilczak (1998). L'auteur a démontré que l'insertion du deltoïde sur l'humérus présentait une asymétrie quant à la grandeur de la surface d'insertion et à la proéminence de celle-ci. En effet, l'insertion serait plus grande et plus prononcée sur l'humérus droit que sur l'humérus gauche pour la plupart des individus de son échantillon. Comme l'insertion du muscle sur l'humérus est plus prononcée à droite, on peut croire qu'il y va de même pour son origine sur la clavicule.

III. PROBLÉMATIQUES ET HYPOTHÈSES DE RECHERCHE

3.1 Problématiques de recherche

Deux problématiques de recherche seront abordées dans ce mémoire en prenant en considération ce que l'on sait déjà sur l'asymétrie de la clavicule. La première sera de déterminer s'il y a symétrie croisée entre la clavicule et le membre supérieur dominant chez les grands singes, soit chez le chimpanzé et le gorille. Bien que la symétrie croisée soit déjà démontrée chez l'humain, elle sera aussi testée pour assurer sa présence dans l'échantillon humain étudié ici.

La deuxième problématique, soit la principale, se pose sous la question suivante : est-ce que les courbures horizontales de la clavicule influencent la longueur maximale de celle-ci et, par conséquent, influencent-elles l'asymétrie entre la clavicule droite et gauche? Cette deuxième problématique sera étudiée à travers les échantillons des trois espèces, soit l'humain, le chimpanzé et le gorille. Elle le sera aussi selon deux méthodes différentes, c'est-à-dire que la courbure latérale de la clavicule sera mesurée avec et sans l'insertion du deltoïde. La comparaison de ces deux méthodes permettra de s'avoir si l'insertion du deltoïde influence ou biaise la mesure de la courbure latérale.

3.2 Hypothèses de recherche

À partir des problématiques de recherche décrites précédemment, des hypothèses de recherche ont été établies.

Pour ce qui est de la détermination de la présence de la symétrie croisée, voici les hypothèses :

Chez l'humain,

$H_{sh}0$: La symétrie croisée entre la clavicule et le membre supérieur dominant n'est pas présente chez l'humain.

$H_{sh}1$: La symétrie croisée entre la clavicule et le membre supérieur dominant est présente chez l'humain.

Chez les grands singes,

$H_{sg}0$: La symétrie croisée entre la clavicule et le membre supérieur dominant n'est pas présente chez le chimpanzé et le gorille.

$H_{sg}1a$: La symétrie croisée entre la clavicule et le membre supérieur dominant est présente chez le chimpanzé.

$H_{sg}1b$: La symétrie croisée entre la clavicule et le membre supérieur dominant est présente chez le gorille.

$H_{sg}1c$: La symétrie croisée entre la clavicule et le membre supérieur dominant est présente chez le chimpanzé et le gorille.

Quant à l'interrogation concernant l'influence des courbures horizontales sur la longueur maximale de la clavicule, les hypothèses de recherche sont :

H_c0 : Les courbures horizontales de la clavicule n'influencent pas la longueur maximale de celle-ci et, par conséquent, n'influencent pas l'asymétrie entre la clavicule droite et gauche.

H_c1a : Plus la courbure médiale de la clavicule est arquée, plus la longueur de celle-ci est réduite relativement à la clavicule du côté opposé.

H_c1b : Plus la courbure latérale de la clavicule est arquée, plus la longueur de celle-ci est réduite relativement à la clavicule du côté opposé.

H_c1c : Plus les courbures médiale et latérale de la clavicule sont arquées, plus la longueur de celle-ci est réduite relativement à la clavicule du côté opposé.

Aussi, pour ce qui est de l'influence de l'insertion du deltoïde sur la mesure de la courbure latérale, les hypothèses de recherche sont :

H_d0 : L'insertion du deltoïde n'a aucune influence sur la différence de courbure latérale entre les clavicules droite et gauche.

H_d1: La différence de courbure latérale entre les clavicules droite et gauche est plus grande si les courbures latérales sont mesurées sans l'insertion du deltoïde que si elles le sont avec l'insertion du deltoïde (courbures originales).

IV. MÉTHODE DE RECHERCHE

4.1 Description du matériel de recherche

L'échantillon humain d'étude est constitué des collections archéologiques du Nunavut et du Territoire du Nord Ouest du Musée Canadien des Civilisations à Gatineau. Il est composé de 70 individus adultes, dont 31 hommes, 31 femmes et 8 indéterminés. Seulement les individus sans pathologie ont été inclus dans les analyses.

L'échantillon des grands singes, c'est-à-dire des chimpanzés et des gorilles, provient des collections du Museum of Natural History of Cleveland, Ohio. Ces collections sont constituées d'animaux tués à l'état sauvage, ce qui assure la représentativité des espèces étudiées. L'échantillon de chimpanzés est composé de 27 individus, dont 12 mâles et 15 femelles. L'échantillon de gorilles est quant à lui formé de 32 individus, dont 15 mâles et 17 femelles. Tout comme pour les humains, seulement les individus sans pathologie ont été inclus dans les analyses.

Le même protocole standardisé a été respecté pour la prise des mesures chez les humains et chez les grands singes.

4.2 Longueurs maximales

Les longueurs maximales de la clavicule, de l'humérus, de l'ulna et du radius ont été prises à l'aide d'une planche ostéométrique et arrondies au demi-millimètre près. Ces

17

mesures ont été traitées avec les logiciels Excel (Excel 2002; Microsoft Corporation 1985-2001) et SPSS 10.1 (SPSS for Windows version 10.1.0; SPSS inc. 1989-2000).

4.3 Mesure des courbures de la clavicule à partir de photographies numériques

Les photographies des clavicules humaines et de celles des grands singes ont été prises selon un protocole standardisé avec un appareil numérique (Canon A95). Les clavicules ont toutes été prises en vue supérieure avec échelle. Les photographies ont été traitées avec les logiciels Paint (version 5.1; Microsoft Corporation 1981-2001) et ImageJ (version 1.38x; National Institute of Health). Les mesures tirées de ces photos ont été traitées avec les mêmes logiciels d'analyse statistique que les longueurs maximales.

Les courbures médiale et latérale de chaque clavicule ont été mesurées numériquement de deux façons selon la technique d'Olivier (Olivier, 1951) pour les courbures horizontales (Figure 2). Premièrement, elles ont été mesurées sans modification, ce qui sera appelé « courbure originale ». On obtient donc les indices de courbure originale de la façon suivante :

Courbure originale médiale = AF/CE x 100

Courbure originale latérale = BG/DH x 100

Le point C a été placé au centre de la surface articulaire sternale et le point D au centre de la surface articulaire acromiale. Les points A et B ont été placés au centre de la diaphyse à l'endroit où la courbure est la plus concave. À partir de ces points, les cordes CE et DH ont été marquées. Ces étapes ont été effectuées avec l'aide du logiciel Paint. Les

18

perpendiculaires AF et BG ont ensuite été mesurées avec ImageJ. Ces perpendiculaires sont à 90° (±0.5°) des cordes CE et DH (points F et G respectivement).

Figure 2. Technique de mesure des courbures de la clavicule (modifié d'Olivier, 1951)

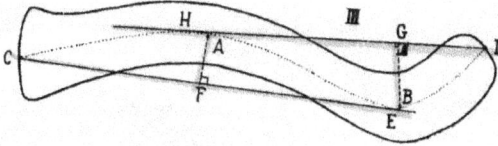

Deuxièmement, elles ont été mesurées sans l'insertion du deltoïde. Comme il a été vu dans le cadre conceptuel, l'insertion du deltoïde sur la face supéro-antérieure de la courbure latérale de la clavicule pourrait être influencée par plusieurs facteurs dont l'asymétrie des charges mécaniques, l'âge et le sexe. Pour pouvoir comparer la courbure latérale d'individus à la musculature différente (et donc à la taille d'insertion différente), il est donc nécessaire d'écarter l'insertion du deltoïde sur la clavicule. Donc, la partie visible sur les photographies de cette insertion a été retirée numériquement avec le logiciel Paint. Les courbures modifiées seront appelées « courbures sans deltoïde » pour les différencier des « courbures originales ». Les points C, D et A restent les mêmes, ainsi que la corde DH. Par contre, comme la suppression de l'insertion du deltoïde accentue la courbure latérale de la clavicule, le point B est déplacé postérieurement et devient B'. Par conséquent, la corde CE devient CE' et la tangente AF, AF'. À partir de ces nouveaux points, les courbures sans deltoïde sont mesurées de la même façon que les courbures originales :

Courbure sans deltoïde médiale = AF'/CE' x 100

Courbure sans deltoïde latérale = B'G/DH x 100

19

Tous les points, cordes et tangentes sont illustrés à la Figure 3 (les points, cordes et tangentes ont été légèrement grossis pour offrir une meilleure vue cette image réduite).

Figure 3. Mesure des courbures originales et sans deltoïde

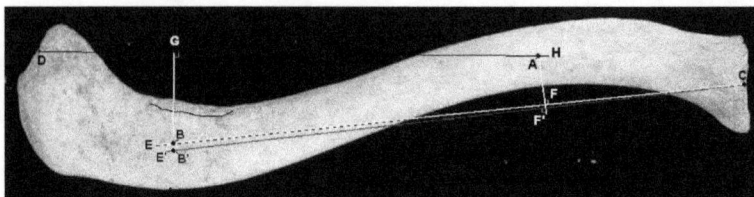

Comme Olivier (1951) le mentionne, cette technique est la plus adaptée pour comparer les humains et les primates puisqu'elle est utilisable sur les courbures peu marquées comme c'est le cas chez le chimpanzé et le gorille. L'auteur critique aussi sa propre technique en disant que le point de rencontre entre la tangente et la courbure opposée peut être imprécis et peut augmenter la marge d'erreur. Il suggère une alternative pour corriger cette imprécision, mais affirme que les résultats des deux techniques sont en corrélation constante (Olivier, 1951, p.758) et donc cette correction n'est pas nécessaire pour le genre d'étude effectué ici. L'indépendance des mesures des courbures médiale et latérale n'est pas totale, mais elle est plus grande que dans la méthode utilisée par Mays *et al.* (1999).

4.4 Détermination de l'asymétrie et analyses statistiques

Toutes les données d'asymétrie ont été standardisée selon le protocole des articles du même genre d'études sur l'asymétrie (Steele & Mays, 1995; Mays, 2002; Auerbach &

Ruff, 2005). Les différences entre les côtés gauche et droit ont été transformées en pourcentage d'asymétrie directionnelle (%AD) selon la formule suivante :

$$\%AD = (droit\text{-}gauche)/(moyenne\ de\ droit\ et\ gauche) \times 100$$

Cette méthode permet de contrôler pour les différences de taille entre individus. Les mâles et les femelles n'ont pas été séparés puisque la problématique ne l'oblige pas et que la méthode de pourcentage d'asymétrie directionnelle contrôle pour le biais de taille.

Comme les longueurs maximales des os ont été arrondies au demi millimètre près, seuls les individus qui présentent une différence entre les côtés droit et gauche étant égale à 0 (droit-gauche=0) sont considérés comme des individus ne présentant pas d'asymétrie.

Le test du khi carré a été employé pour tester les asymétries de longueur entre les différents os. Chaque os a été testé à savoir s'il y avait une asymétrie et si celle-ci était dominante du côté droit ou du côté gauche. Pour déterminer de quel côté l'asymétrie est dominante, les individus ne présentant pas d'asymétrie (donc ceux dont la différence entre les côtés droit et gauche est égale à 0) ont été retirés du test statistique pour pouvoir comparer les résultats avec une base théorique de 50/50 qui représente une population où l'asymétrie n'est pas majoritairement du côté droit ou du côté gauche.

Le côté dominant du membre supérieur a été déterminé avec l'aide des trois os longs le composant, c'est-à-dire l'humérus, l'ulna et le radius. Pour chaque individu, l'asymétrie de longueur de chaque os a été testé et un côté dominant déterminé. Le côté dominant du membre supérieur a ensuite été décidé en cumulant celui de chacun des os.

21

Par exemple, trois os dont le côté dominant était le droit donnaient évidemment un membre supérieur droit dominant. Deux os droits et un os gauche dominant donnaient aussi un membre supérieur droit dominant et vice versa. Un os droit et un os gauche dominant combiné à un os sans côté dominant donnaient un membre supérieur sans côté dominant. Une fois les côtés dominants de la clavicule et du membre supérieur déterminés, les deux résultats ont été comparés avec un test de khi carré. Les individus ont été séparés en deux catégories, la première étant celle où les individus présentaient une symétrie croisée, c'est-à-dire la dominance de la clavicule d'un côté et celle du membre supérieur de l'autre. La deuxième est constituée des individus dont le côté dominant de la clavicule et du membre supérieur est le même. Les individus n'ayant pas de côté dominant soit pour la clavicule, soit pour le membre supérieur ont été écartés du test de khi carré, toujours pour pouvoir comparer les individus présentant une symétrie croisée et ceux n'en présentant pas contre une base théorique de 50/50.

L'influence de l'insertion du deltoïde a été testée à l'aide d'un test de t unilatéral pour échantillons appariés. La question était de savoir si la différence de courbure latérale originale entre les clavicules droite et gauche est plus grande que la différence de courbure latérale mesurée sans l'insertion du deltoïde. Cette étape permet de savoir si l'insertion du deltoïde altère de quelque façon que ce soit l'apparence de la courbure latérale de la clavicule. Comme il a été mentionné dans le cadre conceptuel, l'insertion du deltoïde est variable en forme et en grosseur. À cause des charges plus importantes imposées au membre supérieur du côté dominant, il y a des raisons de croire (par exemple, l'insertion du deltoïde plus grande sur l'humérus droit que sur le gauche) que cette insertion serait plus grosse sur la clavicule droite que sur la gauche. Si la courbure latérale droite est plus arquée que la gauche, l'insertion du deltoïde plus grosse à droite viendrait, en apparence, amoindrir la courbure latérale droite. Cela aurait pour effet de réduire la différence entre les courbures latérales droite et gauche, alors que la différence réelle entre ces courbures latérales devrait être plus grande.

Pour ce qui est de l'influence des courbures sur la longueur maximale de la clavicule, des régressions ont été effectuées entre la différence de longueur maximale et la différence de courbure. Chaque différence de courbure, médiale et latérale, originale et sans deltoïde, a été mise en régression avec la différence de longueur de la clavicule.

Les trois espèces étudiées ont été soumises au même protocole de tests statistiques.

V. RÉSULTATS

5.1 L'asymétrie de longueur du membre supérieur chez l'humain

Les statistiques descriptives pour les os longs du membre supérieur de l'échantillon d'humains sont présentées dans le Tableau 1.

Tableau I. Statistiques descriptives des os longs du membre supérieur humain

| | Longueur maximale (mm) | | | | | |
| | Côté droit | | | Côté gauche | | |
	Moyenne	Écart-type	N	Moyenne	Écart-type	N
Clavicule	136,61	10,22	70	138,59	9,57	70
Humérus	298,39	17,37	68	292,40	17,03	68
Ulna	228,30	12,72	60	225,80	12,40	59
Radius	208,31	12,81	44	207,13	27,57	62

5.1.1 L'asymétrie de la clavicule chez l'humain

Comme il avait été conclu dans des études précédentes, l'échantillon humain étudié présente aussi une asymétrie de la longueur maximale de la clavicule favorisant le côté gauche. Sur 70 individus, 25,71% avait la clavicule droite plus longue que la gauche, 7,14% avait les deux clavicules d'égale longueur et 67,14% avait la clavicule gauche plus longue que la droite. Un test de khi carré a confirmé que l'asymétrie favorisant le côté gauche de la clavicule est significative (x^2=12,938, n=70, p= 0,000).

5.1.2 Détermination du côté dominant chez l'humain

Comme on peut le voir dans le Tableau II, l'humérus, l'ulna et le radius droits sont significativement plus longs que leur pair de gauche.

24

Tableau II. Répartition de l'asymétrie de longueur maximale du membre supérieur de l'échantillon humain (%)

	N	D>G	D=G	D<G	X^2	Sig.
Humérus	67	98,51	1,49	0,00		
Ulna	53	62,26	9,43	28,30	6,75	0,009
Radius	43	62,79	11,63	25,58	6,737	0,009

La répartition du côté dominant est la suivante : sur 68 individus, 82,35% ont le côté droit dominant contre 13,24% pour le côté gauche. 4,41% n'avaient pas de côté dominant. Un test de khi carré confirme que le côté droit est significativement dominant par rapport au gauche (x^2=33,985, n=65, p=0,000).

5.1.3. La symétrie croisée entre la clavicule et le membre supérieur chez l'humain

Le côté dominant du membre supérieur de chaque individu a été comparé au côté dominant de sa clavicule. Sur 70 individus, 57,14% présentaient une symétrie croisée et 28,57% avaient une asymétrie du même côté. 14,29% n'avaient pas de côté dominant soit pour le membre supérieur, soit pour la clavicule. Un test de khi carré confirme que la symétrie croisée est significative (x^2=6,667, n=60, p=0,01), donc différente d'une base théorique de 50/50. Des 40 individus qui présentaient une symétrie croisée, 92,5% avaient la clavicule gauche dominante pour un membre supérieur droit dominant. 7,5% montraient une clavicule droite dominante pour un membre supérieur gauche dominant. Des 20 individus dont le côté dominant était le même pour la clavicule et pour le membre supérieur, 70% étaient à droite et 30% à gauche.

Pour l'humain, on peut donc accepter l'hypothèse $H_{sh}1$ qui affirme qu'il y a présence de symétrie croisée entre la clavicule et le membre supérieur dominant.

5.2 L'asymétrie de longueur du membre supérieur chez le chimpanzé

Les statistiques descriptives pour les os longs du membre supérieur de l'échantillon de chimpanzés sont présentées dans le Tableau III.

Tableau III. Statistiques descriptives des os longs du membre supérieur de chimpanzé

	Longueur maximale (mm)					
	Côté droit			Côté gauche		
	Moyenne	Écart-type	N	Moyenne	Écart-type	N
Clavicule	126,96	7,77	28	126,80	9,72	28
Humérus	305,31	10,90	26	303,90	11,47	28
Ulna	288,31	15,04	23	286,73	15,80	25
Radius	281,44	14,13	22	279,71	15,84	25

5.2.1 L'asymétrie de la clavicule chez le chimpanzé

Une asymétrie de la clavicule est aussi significativement présente chez le chimpanzé (x^2=19,593, n=27, p=0,000). Par contre, cette asymétrie est répartie plus également entre les deux côtés que chez l'humain. Des 27 individus, 55,56% avaient la clavicule gauche plus longue que la droite et 37,04%, la droite plus longue que la gauche. 7,41% présentaient des clavicules de longueur maximale égale. Donc, chez le chimpanzé, l'asymétrie de la clavicule n'est pas significativement majoritaire d'un côté (x^2=1,000, n=25, p=0,317).

5.2.2 Détermination du côté dominant chez le chimpanzé

Comme il est illustré au Tableau IV, la situation des os du membre supérieur est semblable à celle de la clavicule. Il y a clairement présence d'asymétrie (humérus : x^2=22,154, n=26, p=0,000; ulna : x^2=17,190, n=21, p=0,000; radius : x^2=10,714, n=21, p=0,001). Par contre, elle n'est pas distribuée plus d'un côté que de l'autre au niveau de la population. Aucun des trois os ne présentait un test de khi carré significatif pour un côté.

Au niveau de la population, une fois tous les os du membre supérieur pris en considération, il n'y a donc pas de côté dominant. Cependant, la majorité des individus présentait une dominance significative d'un côté ou de l'autre (x^2=13,370, n=27, p=0,000). Sur 27 individus, le côté droit dominait pour 40,74% et le gauche pour 44,44%. 14,81% n'avaient pas de côté dominant.

Tableau IV. Répartition de l'asymétrie de longueur maximale du membre supérieur de l'échantillon de chimpanzés (%)

	N	D>G	D=G	D<G		
Humérus	26	42,31	3,85	53,85		
Ulna	21	57,14	4,76	38,10		
Radius	21	42,86	14,29	42,86		

5.2.3 La symétrie croisée entre la clavicule et le membre supérieur chez le chimpanzé

Sur 27 chimpanzés, 25,93% présentaient une symétrie croisée entre la clavicule et le membre supérieur. 51,85% avaient le même côté dominant pour la clavicule et le membre supérieur. 22,22% n'avaient pas de côté dominant soit pour la clavicule, soit pour le membre supérieur.

La symétrie croisée n'est donc pas significativement présente (x^2=2,333, n=21, p=0,127) dans l'échantillon de chimpanzés.

5.3 L'asymétrie de longueur du membre supérieur chez le gorille

Les statistiques descriptives pour les os longs du membre supérieur de l'échantillon de gorilles sont présentées dans le Tableau V.

Tableau V. Statistiques descriptives des os longs du membre supérieur du gorille

| | Longueur maximale (mm) | | | | | |
| | Côté droit | | | Côté gauche | | |
	Moyenne	Écart-type	N	Moyenne	Écart-type	N
Clavicule	150,44	21,77	32	152,66	20,66	32
Humérus	401.95	39.45	31	391.90	38.86	31
Ulna	335.79	33.79	31	334.56	33.95	32
Radius	323.00	31.92	29	322.48	33.30	30

5.3.1 L'asymétrie de la clavicule chez le gorille

Chez le gorille, sur 32 individus, 28,13% avaient la clavicule droite plus longue que la gauche et 82,14% avaient la gauche plus longue que la droite. Aucun individu ne possédait de clavicules de longueur égale. L'échantillon de gorilles présente donc une asymétrie de la clavicule significativement dominante du côté gauche ($x^2=6,125$, n=32, p=0,000) tout comme chez l'humain.

5.3.2 Détermination du côté dominant chez le gorille

Dans le Tableau VI, on peut constater que chez le gorille comme chez le chimpanzé une asymétrie du membre supérieur est significativement présente (humérus : $x^2=21,552$, n=29, p=0,000; ulna : $x^2=17,065$, n=31, p=0,000, radius : $x^2 18,615$, n=26, p=0,000). Aussi comme chez le chimpanzé, aucun côté n'est majoritairement dominant au niveau de la population. Les tests de khi carré sont tous non significatifs. Cependant, il faut souligner que pour l'humérus, la signification est près du seuil ($x^2=3,000$, n=27, p=0,083). On peut donc dire que l'humérus du gorille a tendance à être plus long du côté gauche que du côté droit.

Tableau VI. Répartition de l'asymétrie de longueur maximale du membre supérieur de l'échantillon de gorilles (%)

	N	D>G	D=G	D<G		
Humérus	29	31,03	6,90	62,07		
Ulna	31	51,61	12,90	35,48		
Radius	26	50	7,69	42,31		

Au niveau de la population, il n'y a pas de côté dominant chez le gorille puisque une fois tous les os du membre supérieur pris en considération, les côtés gauche et droit étaient également distribués. En effet, sur 32 individus, 46,88% avaient le côté droit dominant et 46,88% avaient le côté gauche dominant. 6,25% n'avaient pas de côté dominant. Par contre, on peut affirmer que, significativement, chaque individu a son côté dominant, que ce soit le gauche ou le droit (x^2=24,500, n=32, p=0,000).

5.3.3 La symétrie croisée entre la clavicule et le membre supérieur chez le gorille

L'échantillon de gorilles ne présente pas significativement de symétrie croisée entre la clavicule et le membre supérieur (x^2=0,133, n=30, p=0,715). Sur 32 individus, 43,75% démontraient une symétrie croisée. Le côté dominant de la clavicule et du membre supérieur était le même pour 50% de l'échantillon. 6,25% des individus n'avaient pas de côté dominant soit pour la clavicule, soit pour le membre supérieur.

En ce qui concerne la symétrie croisée pour les grands singes, on se doit de réfuter toutes les hypothèses $H_{sg}1$ et donc d'accepter l'hypothèse $H_{sg}0$ qui affirme qu'il n'y a pas présence de symétrie croisée chez les grands singes, ni chez le chimpanzé ni chez le gorille.

5.4 L'influence de l'insertion du deltoïde sur la différence de courbure latérale de la clavicule

L'influence de l'insertion du deltoïde sur la différence de courbure latérale entre les clavicules droite et gauche a été testée à l'aide d'un test de t unilatéral. La question était de savoir si la différence de courbure latérale entre les clavicules droite et gauche était plus grande si les courbures étaient mesurées avec l'insertion du deltoïde (originale) que si elles l'étaient sans l'insertion du deltoïde. Le test de t n'étant pas significatif à l'intérieur d'un seuil de 5%, on se doit d'accepter H_d0 quant à cette problématique. H_d0 soutient que l'insertion du deltoïde n'a pas d'influence sur la différence de courbure latérale entre les clavicules droite et gauche que ce soit chez l'humain, le chimpanzé ou le gorille. Cependant, comme on peut le constater dans le Tableau VII, le test de t pour l'humain est très proche du seuil de signification de 5%. Le t étant négatif, on peut affirmer qu'il y a une forte tendance pour une influence de l'insertion du deltoïde sur la différence de courbure latérale et que cette dernière soit plus petite lorsque les courbures latérales sont mesurées avec l'insertion du deltoïde (courbures originales). Cela vient donc suggérer que l'insertion du deltoïde pourrait masquer une plus grande différence de courbure latérale entre les clavicules droite et gauche que celle qui apparaît lorsque les courbures sont mesurées telles quelles chez l'humain.

Tableau VII. Test de t unilatéral pour échantillons appariés comparant la différence de courbure latérale originale et la différence de courbure latérale sans deltoïde

Espèce	T	Sig.	N
Humain	-1,948	0,056	70
Chimpanzé	0,229	0,821	27
Gorille	0,018	0,986	32

5.5 L'influence des courbures horizontales sur la longueur maximale de la clavicule

5.5.1. L'influence des courbures horizontales sur la longueur maximale de la clavicule chez l'humain

Les statistiques descriptives pour les courbures de la clavicule de l'échantillon humain sont présentées dans le Tableau VIII.

En ce qui concerne la courbure médiale chez l'humain, rien n'indique qu'elle ait une influence sur la longueur maximale de la clavicule. Comme on peut le voir dans la Figure 4 et au Tableau IX, les régressions, que ce soit pour la courbure originale ou sans deltoïde, ne sont pas significatives. Cela indique que la courbure médiale n'a pratiquement aucun effet sur la longueur maximale de la clavicule.

Tableau VIII. Statistiques descriptives des courbures de la clavicule de l'échantillon humain

	Clavicule droite			Clavicule gauche		
	Moyenne	Écart-type	N	Moyenne	Écart-type	N
Indice de courbure médiale originale	10,38	2,54	70	8,11	2,92	70
Indice de courbure latérale originale	16,07	3,07	70	16,88	3,56	70
Indice de courbure médiale sans deltoïde	11,01	2,57	70	8,71	2,95	70
Indice de courbure latérale sans deltoïde	17,87	3,28	70	18,40	3,57	70

Figure 4. Régression entre les différences standardisées de longueur et de courbure médiale de la clavicule chez l'humain : A) courbure médiale originale, B) courbure médiale sans deltoïde

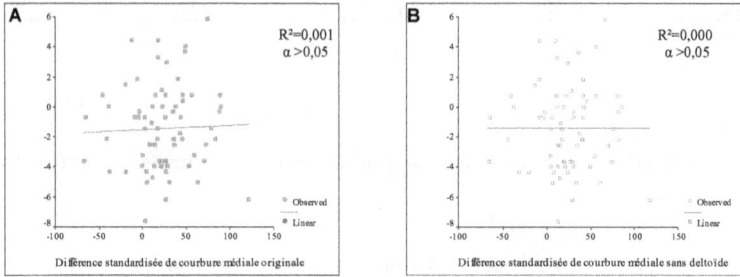

Différence standardisée de courbure médiale originale

Différence standardisée de courbure médiale sans deltoïde

Tableau IX. Régression linéaire entre les différences standardisées de longueur et de courbure médiale de la clavicule chez l'humain

Type de courbure	Pente	Intercept	F	Sig.	N
Courbure médiale originale	0,0028	-1,5034	0,09	0,766	70
Courbure médiale sans deltoïde	$9,8^E$-05	-1,4369	9,8E-05	0,992	70

Pour ce qui est de la courbure latérale, on peut affirmer que plus cette courbure est arquée plus la longueur maximale de la clavicule est petite et ce, significativement (Figure 5, Tableau X). On constate aussi que la pente est plus abrupte dans le cas de la courbure latérale mesurée sans l'insertion du deltoïde. Dans le cas de la courbure latérale originale, la pente est significative à l'intérieur d'un seuil de 5%, alors que celle de la courbure latérale sans deltoïde l'est à l'intérieur d'un seuil de 1%. La corrélation est donc plus grande lorsque la courbure latérale est mesurée sans l'insertion du deltoïde.

Figure 5. Régression entre les différences standardisées de longueur et de courbure latérale de la clavicule chez l'humain : A) courbure latérale originale, B) courbure latérale sans deltoïde

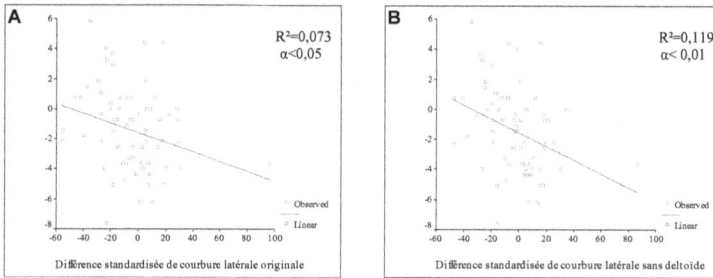

Tableau X. Régression linéaire entre les différences standardisées de longueur et de courbure latérale chez l'humain

Type de courbure	Pente	Intercept	F	Sig.	N
Courbure latérale originale	-0,0324	-1,5941	5,32	0,024	70
Courbure latérale sans deltoïde	-0,0459	-1,5672	9,15	0,004	70

De plus, comme la pente est négative, cela vient confirmer que plus l'asymétrie de la courbure latérale est à droite (courbure latérale droite plus arquée que la gauche), plus l'asymétrie de la longueur maximale est à gauche (longueur maximale gauche plus grande que la droite) et vice versa.

Comme on peut le voir dans la Figure 5, il y a un individu à l'écart des autres avec une valeur de courbure latérale entre 80 et 100 dépendamment que la courbure ait été mesurée avec ou sans deltoïde. Bien que cet individu ne présente aucune pathologie visible, les mêmes régressions ont été faites sans celui-ci. Les résultats sont semblables aux régressions originales (courbure latérale originale : $R^2=0,67$, $\alpha<0,05$; courbure latérale sans deltoïde : $R^2=0,120$, $\alpha<0,01$). Les résultats sont donc significatifs même sans cet individu aux valeurs extrêmes.

Dans la problématique concernant l'influence des courbures sur la longueur maximale de la clavicule chez l'humain, on peut accepter l'hypothèse H_c1b seulement qui affirme que plus la courbure latérale de la clavicule est arquée, plus la longueur de celle-ci est réduite relativement à la clavicule du côté opposé. On se doit de réfuter H_c1a qui dit que plus la courbure médiale de la clavicule est arquée, plus la longueur de celle-ci est réduite relativement à la clavicule du côté opposé.

5.5.2 L'influence des courbures horizontales sur la longueur maximale de la clavicule chez le chimpanzé

Les statistiques descriptives pour les courbures de la clavicule de l'échantillon de chimpanzés sont présentées dans le Tableau XI.

Tableau XI. Statistiques descriptives des courbures de la clavicule de l'échantillon de chimpanzés

	Clavicule droite			Clavicule gauche		
	Moyenne	Écart-type	N	Moyenne	Écart-type	N
Indice de courbure médiale originale	9,72	2,89	28	10,82	2,70	28
Indice de courbure latérale originale	19,39	4,42	28	19,95	3,60	28
Indice de courbure médiale sans deltoïde	10,40	3,02	28	11,55	2,88	28
Indice de courbure latérale sans deltoïde	21,31	4,80	28	22,00	4,23	28

Chez le chimpanzé, ni la courbure latérale ni la médiale n'influence significativement la longueur maximale de la clavicule comme on peut le voir dans les

34

Figures 6 et 7 (Tableaux XII et XIII). Il faut donc accepter l'hypothèse H_c0 qui propose

qu'il n'y a pas d'influence des courbures sur la longueur maximale de la clavicule chez le

chimpanzé.

Figure 6. Régression entre les différences standardisées de longueur et de courbure médiale de la clavicule chez le chimpanzé : A) courbure médiale originale, B) courbure médiale sans deltoïde

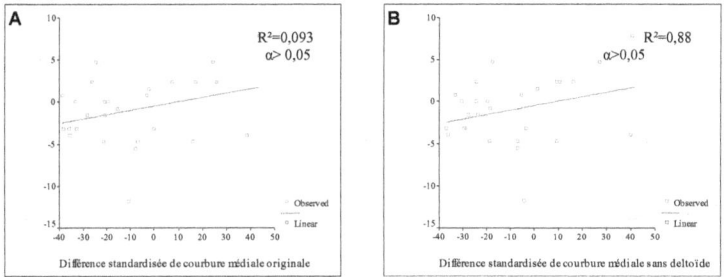

Tableau XII. Régression linéaire entre les différences standardisées de longueur et de courbure médiale chez le chimpanzé

Type de courbure	Pente	Intercept	F	Sig.	N
Courbure médiale originale	0,0513	-0,4899	2,58	0,121	27
Courbure médiale sans deltoïde	0,0538	-0,4471	2,42	0,132	27

Figure 7. Régression entre les différences standardisées de longueur et de courbure latérale de la clavicule chez le chimpanzé : A) courbure latérale originale, B) courbure latérale sans deltoïde

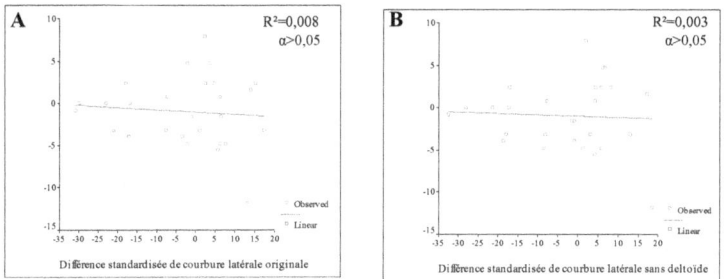

Tableau XIII. Régression linéaire entre les différences standardisées de longueur et de courbure latérale chez le chimpanzé

Type de courbure	Pente	Intercept	F	Sig.	N
Courbure latérale originale	-0,0264	-1,0365	0,20	0,658	27
Courbure latérale sans deltoïde	-0,0154	-1,0091	0,07	0,801	27

5.5.3 L'influence des courbures horizontales sur la longueur maximale de la clavicule chez le gorille

Les statistiques descriptives pour les courbures de la clavicule de l'échantillon de gorilles sont présentées dans le Tableau XIV.

Tableau XIV. Statistiques descriptives des courbures de la clavicule de l'échantillon de gorilles

	Clavicule droite			Clavicule gauche		
	Moyenne	Écart-type	N	Moyenne	Écart-type	N
Indice de courbure médiale originale	2,89	2,21	32	3,23	2,14	32
Indice de courbure latérale originale	13,66	4,05	32	14,98	3,21	32
Indice de courbure médiale sans deltoïde	3,62	2,31	32	4,09	2,19	32
Indice de courbure latérale sans deltoïde	15,95	4,49	32	17,51	3,63	32

Tout comme chez le chimpanzé, les régressions effectuées sur l'échantillon de gorilles ne démontrent rien de significatif. Ni la courbure médiale (Figure 8, Tableau XV), ni la courbure latérale (Figure 9, Tableau XVI) n'a d'influence significative sur la longueur maximale de la clavicule. En ce qui a trait aux gorilles, il faut donc accepter H_c0 qui propose que les courbures horizontales de la clavicule n'influencent pas la longueur maximale de celle-ci et que, par conséquent, elles n'influencent pas l'asymétrie entre la clavicule droite et gauche.

Figure 8. Régression entre les différences standardisées de longueur et de courbure médiale de la clavicule chez le gorille : A) courbure médiale originale, B) courbure médiale sans deltoïde

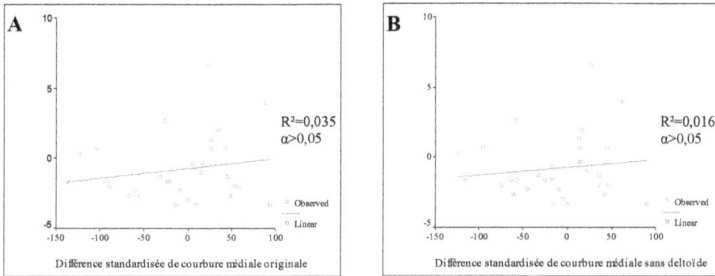

Tableau XV. Régression linéaire entre les différences standardisées de longueur et de courbure médiale chez le gorille

Type de courbure	Pente	Intercept	F	Sig.	N
Courbure médiale originale	0,0070	-0,7307	1,09	0,306	32
Courbure médiale sans deltoïde	0,0055	-0,7404	0,49	0,490	32

Figure 9. Régression entre les différences standardisées de longueur et de courbure latérale de la clavicule chez le gorille : A) courbure latérale originale, B) courbure latérale sans deltoïde

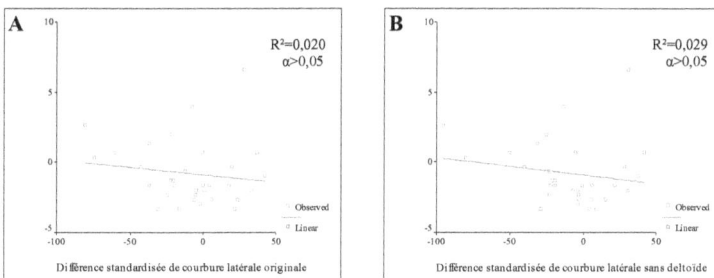

Tableau XVI. Régression linéaire entre les différences standardisées de longueur et de courbure latérale chez le gorille

Type de courbure	Pente	Intercept	F	Sig.	N
Courbure latérale originale	-0,0106	-0,9061	0,62	0,439	32
Courbure latérale sans deltoïde	-0,0124	-0,9235	0,88	0,355	32

VI. DISCUSSION

Comme le révèle les résultats de cette étude, l'échantillon humain est conforme aux études précédentes. La clavicule gauche est habituellement plus longue que la droite et le membre supérieur dominant est le droit. Il y a donc une symétrie croisée entre la clavicule et le membre supérieur chez l'humain. Il faut donc se demander quels sont les facteurs qui peuvent influencer cette symétrie croisée. Évidemment, tous les facteurs environnementaux et génétiques (charges mécaniques imposées, sexe, âge, hormones, etc.) ne pouvaient être contrôlés dans le cadre de cette étude. Ceux qui pouvaient l'être l'ont été, c'est-à-dire que les données ont été standardisées pour contrôler pour la taille des individus.

L'échantillon de chimpanzés est, lui aussi, conforme aux études déjà effectués sur cette espèce. La clavicule et le membre supérieur présentent une asymétrie de longueur au niveau individuel. Cette asymétrie est par contre bien répartie entre les côtés droit et gauche, c'est-à-dire qu'il n'y a pas de côté dominant au niveau de la population comme chez l'humain, où le côté droit est dominant pour le membre supérieur et où le gauche l'est pour la clavicule. L'symétrie croisée entre la clavicule et le membre supérieur n'avait jamais été étudiée chez le chimpanzé. Elle s'est d'ailleurs révélée non significative, contrairement à l'humain. En effet, la symétrie croisée n'est pas plus présente que l'asymétrie du même côté dans l'échantillon de chimpanzés.

Chez le gorille, la symétrie croisée est aussi clairement non significative, tout comme l'asymétrie du membre supérieur au niveau de la population. Cette dernière est par contre présente au niveau individuel. De plus, l'humérus démontre une tendance à être plus long du côté gauche que du côté droit et ce, au niveau de la population. La plus grande surprise est cependant attribuée à l'asymétrie de longueur maximale de la clavicule qui favorise le côté gauche, au niveau populationnel, chez le gorille comme chez l'humain. On se serait attendu à ce que cette asymétrie soit répartie entre les deux côtés au niveau individuel comme c'est le cas chez le chimpanzé puisque que cela concorderait avec les résultats des études sur la latéralité chez les grands singes. Comme celle-ci est répartie entre les deux côtés du corps, il serait normal que l'asymétrie de longueur maximale de la clavicule ne soit pas dominante d'un côté au niveau de la population comme observé chez le chimpanzé. On est donc en droit de se demander si ces ressemblances entre l'échantillon de gorilles et l'échantillon humain sont des coïncidences, surtout que chez les gorilles, la symétrie croisée n'est pas présente. Bien sûr, l'échantillon de gorilles, tout comme celui de chimpanzé et même celui d'humain, n'est pas très grand. Peu d'individus de chaque espèce ont été analysés. Il faut donc être conscient que les échantillons peuvent ne pas être représentatifs de la population normale de chaque espèce. Il faudrait donc que cette similarité entre gorilles et humains soit investiguée plus en détails et avec un plus grand échantillon pour déterminer si elle est réelle ou simplement due au hasard.

La présente étude a aussi permis de découvrir que la clavicule droite humaine était plus courbée que la gauche, surtout lorsque la courbure latérale est mesurée sans l'insertion du deltoïde. Comme il a été mentionné dans le cadre conceptuel, l'insertion du deltoïde sur la tubérosité deltoïdienne de l'humérus présente de l'asymétrie favorisant le côté droit. On peut donc penser que si l'insertion est plus proéminente sur l'humérus droit que sur le gauche, son origine sur la face antérieure de la courbure latérale de la clavicule sera plus marquée sur la droite que sur la gauche. Bien que le test de t effectué entre la différence de courbure latérale originale et la différence de courbure latérale sans deltoïde ne soit pas significatif, une tendance a été décelée. Effectivement, les résultats suggèrent que la différence de courbure latérale originale aurait tendance à être plus petite que la différence de courbure latérale sans deltoïde. On peut donc soupçonner que la variabilité en forme et en grosseur de l'insertion musculaire du deltoïde pourrait masquer une plus grande différence de courbure latérale réelle. Cette hypothèse est aussi appuyée par le fait que la corrélation et la signification des régressions faites entre la différence de longueur maximale et la différence de courbure latérale de la clavicule est plus élevée quand les courbures latérales ont été mesurées sans l'insertion du deltoïde. Un autre argument qui maintient cette hypothèse est que seuls les humains démontrent cette tendance. Les mêmes régressions faites sur les échantillons de chimpanzés et de gorilles sont clairement non significatifs. Ceci concorde avec le fait que les activités quotidiennes chez les grands singes soient plus réparties entre les deux côtés du corps. Les insertions du deltoïde droite et gauche sont donc moins différentes entre elles chez les grands singes que chez l'humain. L'insertion du deltoïde n'étant pas tellement plus grosse d'un côté que de l'autre, elle ne viendrait pas masquée plus d'un côté que de l'autre une courbure réelle plus arquée. Les différences de courbure latérale originales et sans deltoïde sont donc moins sujettes à être distinctes chez les grands singes.

La tendance décelée est donc conforme à ce qu'on s'attendait, c'est-à-dire à une différence de courbure latérale plus grande une fois l'insertion du deltoïde écartée puisqu'on enlève l'effet de la morphologie cette insertion sur le calcul de la courbure qui pourrait masquer une courbure réelle plus arquée. Les résultats viennent donc confirmer que la clavicule droite est définitivement plus courbée que la clavicule gauche. Cela rejoint l'hypothèse de Parsons (1916) et de Ljunggren (1979) exposée dans le cadre conceptuel à l'effet que les charges imposées pourraient provoquer une compression qui s'exprimerait par des courbures plus arquées du côté dominant, bien qu'elle ait été réfuté par Mays *et al.*(1999). Comme il a été mentionné dans le cadre conceptuel, la méthode utilisée par Mays *et al.*(1999) pour mesurer les courbures de la clavicule comportait des problèmes d'interprétation fonctionnelle. La méthode utilisée rendait les courbures médiale et latérale interdépendantes et la morphologie de l'insertion du deltoïde affectait directement la mesure de la courbure, ce qui pouvait biaiser les résultats. Il est évident que la méthode utilisée lors de la présente étude n'est pas parfaite. En plus du point soulevé dans la méthode de recherche, il est clair que la méthode d'Olivier (1951), utilisée ici, ne mesure pas les courbures médiale et latérale totalement indépendamment. L'auteur de cette méthode affirme que « chaque courbure est dissociée de l'autre [et qu'] elle n'en dépend que lorsque cette autre varie beaucoup » (Olivier, 1951, p.758). Or, dans l'étude présente, la courbure latérale originale varie beaucoup de celle sans deltoïde. La courbure médiale en est donc dépendante et cela se ressent lors des régressions. Cependant, comme les régressions entre les différences de longueur maximale et de courbure médiale se sont avérées non significatives pour les courbures originales comme pour les courbures sans deltoïde, ce biais ne change pas les résultats de l'étude.

Les régressions effectuées entre la différence de longueur maximale et la différence de courbure de la clavicule viennent confirmer que la courbure latérale de la clavicule semble influencer la longueur maximale de celle-ci. Plus la clavicule d'un côté est arquée

42

relativement à celle de l'autre côté, plus la clavicule de ce même côté est courte relativement à celle de l'autre côté. À cause d'une courbure plus arquée, généralement la clavicule droite paraît plus courte que la gauche. Si on étirait les clavicules droite et gauche pour former une ligne, la droite pourrait être de la même longueur que la gauche ou même possiblement plus longue. C'est donc ce phénomène qui pourrait expliquer, du moins en partie, la symétrie croisée de longueur entre la clavicule gauche et le membre supérieur droit chez l'humain.

Cependant, le fait que la corrélation entre les différences de courbure latérale et de longueur maximale de la clavicule soit significative chez l'humain, mais pas chez les grands singes sème le doute sur la dépendance de ces deux phénomènes. Effectivement, chez les grands singes, les courbures de la clavicule n'influencent pas la longueur maximale de celle-ci. Ni la corrélation entre les différences de courbure médiale et de longueur maximale ni celle entre les différences de courbure latérale et de longueur maximale n'est significative. Aussi, comme la distribution de l'asymétrie de courbure et de l'asymétrie de longueur de la clavicule chez les grands singes est semblable à celle qu'on retrouve chez l'humain et qu'en plus la corrélation entre les deux ne soient pas significative, on est porté à croire que les deux phénomènes puissent être indépendants chez l'humain.

Un point qui pourrait expliquer que les courbures de la clavicule influencent la longueur maximale de celle-ci chez les humains et pas chez les grands singes est que la plus grande différence de courbure chez les grands singes réside plutôt dans les courbures verticales

43

que dans les courbures horizontales. Les grands singes possèdent deux courbures verticales bien marquées, alors que l'humain n'en possède qu'une seule habituellement assez légèrement arquée. Ces courbures verticales n'ont pu être étudiées dans le cadre de ce mémoire, mais Voisin les a déjà analysées (2006). Le chimpanzé et le gorille sont alors semblables, alors que l'humain est dans un groupe à part avec des courbures verticales moins marquées. Ces courbures verticales influencent probablement aussi la longueur maximale de la clavicule chez les grands singes. Comme elles sont plus importantes que chez l'humain, peut-être verrait-on apparaître une corrélation inverse entre la différence de courbure de la clavicule et la différence de longueur telle qu'observée chez les humains. On sait que l'os répond aux charges qui lui sont imposées en se remodelant et, par conséquent, en modifiant sa forme et sa densité. En effet, la forme et la densité se transforment et prennent la configuration la plus efficace pour résister aux forces mécaniques. Comme les humains et les grands singes ont des postures différentes et des activités quotidiennes distinctes, les forces mécaniques ne proviennent pas des mêmes directions dans les deux groupes. Les os ont, par conséquent, des réactions différentes et peuvent prendre des formes différentes pour résister le mieux possible à ces charges. Une de ces différences de forme est la courbure verticale plus prononcée chez les grands singes que chez les humains. Si une compression de la ceinture scapulaire dans le plan transversal et/ou sagittal peut amener un changement de forme de la clavicule qui se traduit par des courbures horizontales plus arquées, une compression dans un plan perpendiculaire, c'est-à-dire longitudinal, peut peut-être amener la même réaction de la clavicule, mais au niveau des courbures verticales. Les grands singes sont plus sujets à subir ce genre de compression, à cause de leur mode de vie plus arboricole, que les humains. Peut-être alors découvrirait-on une plus grande corrélation entre les différences de courbure et de longueur maximale de la clavicule chez les grands singes, une corrélation qui se rapprocherait de celle démontrée chez l'humain, si les courbures verticales étaient prises en compte au même titre que les courbures horizontales.

Ce qu'il peut donc être conclu à partir de cette étude est que la différence de courbure et celle de longueur maximale de la clavicule sont corrélées chez les humains. Par contre, ce qui reste incertain est si ces deux phénomènes sont dépendants l'un de l'autre. Est-ce vraiment parce que la clavicule est plus courbée qu'elle est plus courte ou est-ce que les deux phénomènes sont indépendants ? La différence de courbure entre les clavicules droite et gauche explique-t-elle la différence de longueur maximale ? Par conséquent, explique-t-elle, au moins en partie, la symétrie croisée entre la clavicule et le membre supérieur dominant ? Il faudrait pour ce faire que la différence entre les courbures corresponde étroitement à la différence de longueur maximal. De plus, on s'attendrait alors à des résultats similaires chez les grands singes et chez les humains. Il est probablement utopique de penser que ce phénomène soit aussi simple. Comme il a déjà été dit, d'autres facteurs influencent la morphologie et la longueur de la clavicule et tous les identifier précisément est, pour l'instant, impossible. Il serait par contre intéressant d'identifier les facteurs qui peuvent modifier les courbures de la clavicule tel que le type de charge, les directions de ces charges, leurs fréquences, etc.

Pour confirmer les déductions faites à partir de ce mémoire et surtout à partir des résultats obtenus chez les humains, les analyses les plus importantes à faire seraient sans doute de mesurer les courbures verticales chez les humains comme chez les chimpanzés et les gorilles.

VII. BIBLIOGRAPHIE

Abbot, L.C. & Lucas, D.B. 1954, « The function of the clavicle », *Annals of Surgery*, vol. 140, p.583-597.

Arkin, A.M. & Katz, J.F. 1956, « The effects of pressure on epiphyseal growth », *Journal of Bone and Joint Surgery*, vol. 38-A, p.1056-1076.

Aruguete, M.S., Ely, E.A. & King, J.E. 1992, « Laterality in spontaneus motor activity of chimpanzees and squirrel monkeys », *American Journal of Primatology*, vol. 27, p.177-188.

Auerbach, B.M. & Raxter, M.H. 2008, « Patterns of clavicular bilateral asymmetry in relation to the humerus : variation among humans », *Journal of Human Evolution*, vol. 54, p.663-674.

Auerbach, B.M. & Ruff, C.B. 2006, « Limb bone bilateral asymmetry : variability and commonality among modern humans », *Journal of Human Evolution*, vol. 50, p.203-218.

Collins, E.H. 1961, « The concept of relative limb dominance », *Human Biology*, vol. 33, p.293-317.

Harrington, M.A., Keller, T.S., Seiler, J.G, Weikert, D.R, Moeljantos, E. & Schwartz, H.S. 1993, « Geometric properties and the predicted mechanical behavior of adult human clavicles », *Journal of Biomechanics*, vol. 26, p.417-426.

Hawkey, D.E. 1998, « Disdability, compassion and the skeletal record : Using musculoskeletal stress markers (MSM) to construct an osteobiography from Early New Mexico », *International Journal of Osteoarchaeology*, vol. 8, p.326-340.

Hopkins, W.D. & Morris, R.D. 1993, « Handedness in great apes : a review of findings », *International Journal of Primatology*, vol. 14, p.1-25.

Huggare, J. & Houghton, P. 1995, « Asymmetry in the human skeleton. A study on prehistoric Polynesians and Thais », *European Journal of Morphology*, vol. 33, p.3-14.

Jones, H.H., Priest, J.D., Hayes, W.C., Tichenor, C.C. & Nagel, D.A. 1977, « Humeral hypertrophy in response to exercise », *Journal of Bone and Joint Surgery*, vol. 59, p.204-208.

Ljunggren, A.E. 1979, « Clavicular function », *Acta Orthopaedica Scandinavia*, vol. 50, p.261-268.

Lonsdorf, E.V. & Hopkins, W.D. 2005, « Wild chimpanzees show population-level handedness for tool use », *Proceedings of the National Academy of Sciences of the United States of America*, vol. 102, p.12634-12638.

Mays, S., Steele, J. & Ford, M. 1999, « Directional asymmetry in the human clavicle », *International Journal of Osteoarchaeology*, vol.9, p.18-28.

Nordin, M. & Frankel, V.H. 2001, « Biomechanics of bone », *in : Basic Biomechanics of the Musculoskeletal System*, M. Nordin & V.H. Frankel (éd), Lippincott Williams & Wilkins, 3e édition, Philadelphie, p.26-55.

Olivier, G. 1955, « Anthropologie de la clavicule », *Bulletins et Mémoires de la Société Anthropologique de Paris*, 10e série, vol. 6, p.290-302

Olivier, G. 1951, « Anthropologie de la clavicule», *Bulletins et Mémoires de la Société Anthropologique de Paris*, 10e série, vol. 2, p. 67-99 et p.121-157

Olivier, G. 1951, « Techniques de mesures des courbures de la clavicule », *Comptes Rendus de l'Association des Anatomistes*, 38ᵉ réunion, Nancy, p.753-764.

Olivier, G. & Capliez, S. 1957, « Anthropologie de la clavicule », *Bulletins et Mémoires de la Société Anthropologique de Paris*, 10ᵉ série, vol. 8, p.225-261.

Olivier, G., Chabeuf, M. & Laluque, P. 1954, « Anthropologie de la clavicule », *Bulletins et Mémoires de la Société Anthropologique de Paris*, 10ᵉ série, vol. 5, p. 35-46 et p.144-153.

Parsons, F.G. 1916, « On the proportions and characteristics of the modern English clavicles », *Journal of Anatomy*, vol. 51, p.71-93.

Platzer, W. 2001, *Atlas de poche d'anatomie : 1. Appareil locomoteur*, Médecine-Sciences Flammarion, 3ᵉ édition, Paris, 461 pages.

Plato, C.C, Fox, K.M. & Garruto, R.M. 1984, « Measures of lateral function dominance : Hand dominance », *Human Biology*, vol. 56, p.259-275.

Ray, L.J. 1959, « Metrical and non-metrical features of the clavicle of the Australian aboriginal », *American Journal of Physical Anthropology*, vol. 17, p.217-226.

Renfree, K.J. 2003, « Anatomy and biomechanics of the acromioclavicular and sternoclavicular joints », *Clinics in Sports Medicine*, vol. 22, p.219-237.

Scherrer, B. 1984, *Biostatistique*, Gaétan Morin éditeur, Boucherville, 850 pages.

Scheuer, L. & Black, S. 2000, *Developmental Juvenile Osteology*, Elsevier academic press, London, 587 pages.

Schulter-Ellis, F.P. 1980, « Evidence of handedness on documented skeletons », *Journal of Forensic Sciences*, vol. 25, p.624-630.

Schultz, A.H. 1937, « Proportions, variability and asymmetry of the long bones of the limbs and the clavicles in man and apes », *Human Biology*, vol. 9, p.281-328.

Sellards, R. 2004, « Anatomy and biomechanics of the acromioclavicular joint », *Operative Techniques in Sports Medecine*, vol. 12, p.2-5.

Steele, J. & Mays, S. 1995, « Handedness and directional asymmetry in the long bones of the human upper limb », *International Journal of Osteoarchaeology*, vol. 5, p.39-49.

Stirland, A.J. 1993, « Asymmetry and activity-related change in the male humerus », *International Journal of Osteoarchaeology*, vol. 5, p.105-113.

Terry, R.J. 1932, « The clavicle of the American Negro », *American Journal of Physical Anthropology*, vol.16, p.351-379.

Trinkaus, E., Churchill, S.E. & Ruff, C.B. 1994, « Postcranial robusticity in *Homo*. II : Humeral asymmetry and bone plasticity », *American Journal of Physical Anthropology*, vol. 93, p.1-34.

Voisin, J. 2008, « The Omo I hominin clavicle : Archaic or modern? », *Journal of Human Evolution*, vol. 55, p.438-443.

Voisin, J. 2006, « Clavicle, a neglected bone : morphology and relation to arm movements and shoulder architecture in primates », *The Anatomical Record Part A*, vol. 288A, p. 944-953.

Voisin, J. 2001, « Évolution de la morphologie claviculaire au sein du genre *Homo*. Conséquences architecturales et fonctionnelles sur la ceinture scapulaire », *L'Anthropologie*, vol. 105, p.449-468.

Von Bonin, G. 1962, « Anatomical asymmetries of the cerebral hemispheres », In : *Interhemispheric Relations and Cerebral Dominance* (édité par V.B. Mountcastle), Johns Hopkins Press, p.81-97.

White, L.E., Lucas, G. Richards, A. & Purves, D. 1994, « Cerebral asymmetry and handedness », *Nature*, vol. 368, p.196-197.

a) **Tableau XVII. Comparaison des espèces: statistiques descriptives des os longs du membre supérieur**

Os	Espèce	Longueur maximale (mm)					
		Côté droit			Côté gauche		
		Moyenne	Écart-type	N	Moyenne	Écart-type	N
Clavicule	Humain	136,61	10,22	70	138,59	9,57	70
	Chimpanzé	126,96	7,77	28	126,80	9,72	28
	Gorille	150,44	21,77	32	152,66	20,66	32
Humérus	Humain	298,39	17,37	68	292,40	17,03	68
	Chimpanzé	305,31	10,90	26	303,90	11,47	28
	Gorille	401,95	39,45	31	391,90	38,86	31
Ulna	Humain	228,30	12,72	60	225,80	12,40	59
	Chimpanzé	288,31	15,04	23	286,73	15,80	25
	Gorille	335,79	33,79	31	334,56	33,95	32
Radius	Humain	208,31	12,81	44	207,13	27,57	62
	Chimpanzé	281,44	14,13	22	279,71	15,84	25
	Gorille	323,00	31,92	29	322,48	33,30	30

b) **Tableau XVIII . Comparaison des espèces : statistiques descriptives des courbures de la clavicule**

Courbure	Espèce	Clavicule droite			Clavicule gauche		
		Moyenne	Écart-type	N	Moyenne	Écart-type	N
Indice de courbure médiale originale	Humain	10,38	2,54	70	8,11	2,92	70
	Chimpanzé	9,72	2,89	28	10,82	2,70	28
	Gorille	2,89	2,21	32	3,23	2,14	32
Indice de courbure latérale originale	Humain	16,07	3,07	70	16,88	3,56	70
	Chimpanzé	19,39	4,42	28	19,95	3,60	28
	Gorille	13,66	4,05	32	14,98	3,21	32
Indice de courbure médiale sans deltoïde	Humain	11,01	2,57	70	8,71	2,95	70
	Chimpanzé	10,40	3,02	28	11,55	2,88	28
	Gorille	3,62	2,31	32	4,09	2,19	32
Indice de courbure latérale sans deltoïde	Humain	17,87	3,28	70	18,40	3,57	70
	Chimpanzé	21,31	4,80	28	22,00	4,23	28
	Gorille	15,95	4,49	32	17,51	3,63	32

www.ingramcontent.com/pod-product-compliance
Lightning Source LLC
Chambersburg PA
CBHW020315220326
41598CB00017BA/1571